Юрий Извеков

Риск-анализ оборудования металлургических производств

AF153238

Юрий Извеков

Риск-анализ оборудования металлургических производств

Подход, концепция, анализ

LAP LAMBERT Academic Publishing

Impressum / **Выходные данные**

Bibliografische Information der Deutschen Nationalbibliothek: Die Deutsche Nationalbibliothek verzeichnet diese Publikation in der Deutschen Nationalbibliografie; detaillierte bibliografische Daten sind im Internet über http://dnb.d-nb.de abrufbar.

Библиографическая информация, изданная Немецкой Национальной Библиотекой. Немецкая Национальная Библиотека включает данную публикацию в Немецкий Книжный Каталог; с подробными библиографическими данными можно ознакомиться в Интернете по адресу http://dnb.d-nb.de.

Coverbild / Изображение на обложке предоставлено: www.ingimage.com

Verlag / Издатель:
LAP LAMBERT Academic Publishing
ist ein Imprint der / является торговой маркой
OmniScriptum GmbH & Co. KG
Heinrich-Böcking-Str. 6-8, 66121 Saarbrücken, Deutschland / Германия
Email / электронная почта: info@lap-publishing.com

Herstellung: siehe letzte Seite /
Напечатано: см. последнюю страницу
ISBN: 978-3-659-49404-8

Оглавление

Введение

"Настоящее развитие всех мировых экономик влечет за собой усиление существующих и возникновение серьезных системных угроз, имеющих различную природу, связанную с климатическими аномалиями, глобальным потеплением, кибербезопасностью и нанотехнологиями и так далее…" – так обеспокоенно началась IV Всероссийская научно-техническая конференция с международным участием, XIV Школа молодых ученых «Безопасность критичных инфраструктур и территорий» и Семинар «Технологии безопасности критичных инфраструктур», прошедший в Екатеринбурге с 24 по 27 мая 2011 года.

На сегодняшний день особенно актуальной задачей является расчет и прогнозирование риска для сложных систем и объектов народно-хозяйственного значения, которая представляется жизненно важной и сравнительно недавно возникшей проблемой. Кроме этого, мало внимания уделено комплексному решению вопросов природных, техногенных, кибернетических, социальных и экономических угроз при известных ограничениях и требованиях.

Сегодня оценка рисков и надежности металлургического оборудования проводится на стадии эксплуатации, проектирования путем использования математического описания (моделирования) процессов повреждения на основе моделей типа «дерево отказов» и представления поведения изучаемого объекта с учетом в модели различных временных факторов и показателей, а также вероятностных моделей.

Повышение надежности и предотвращение аварий сложных технологических систем в металлургии актуально как на стадии проектирования, так и на стадии эксплуатации, а вообще говоря, на всех этапах их жизненного цикла, поскольку в большинстве своем металлургическое оборудование уникально и не подходит для проведения технологических испытаний.

В Российской Федерации тяжелое производство на металлургических предприятиях представлено многообразием и множеством оборудования, в частности мостовыми кранами, которые являются необходимой составляющей процесса машиностроения.

Ситуация с обеспечением промышленной безопасности в современной России оставляет желать лучшего, продолжается рост числа и тяжести техногенных и природно-техногенных катастроф и аварий, основными причинами которых являются использование сложного технологического оборудования, в частности, металлургических кранов за пределами гарантийных сроков, физический износ оборудования при эксплуатации, ошибки при проектировании элементов их новых конструкций. Важным представляется вопрос обеспечения техногенной безопасности на промышленных предприятиях.

По материалам [2] и открытым интернет-источникам [3] был проведен анализ аварий и чрезвычайных происшествий, произошедших на предприятиях, подконтрольных территориальным органам Федеральной службы по экологическому, технологическому и атомному надзору. Заметим, что исследованию подлежали только открытые (нелатентные) данные. За 2007 - 2010 годы в России была зарегистрирована следующая статистика аварий и чрезвычайных происшествий (ЧП) в техногенной сфере, изображенная на рисунке 1.

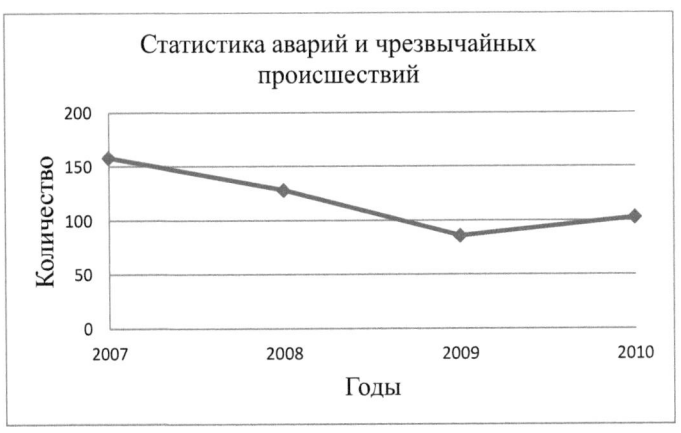

Рис. 1 Статистика аварий и ЧП техногенной сферы России

Тренд показывает, что количество аварий и чрезвычайных происшествий увеличивается.

Таблица 1 Основные объекты аварий

	2007	2008	2009	2010
Общее количество промышленных аварий	158	128	86	103
Краны, %	38 (24%)	39 (30%)	22 (26%)	37 (36%)
ЧП со смертельным исходом	19 (12%)	17 (13%)	7 (8%)	18 (17%)

Анализ полученных результатов показывает, что в основном объектами аварий являются грузоподъемное оборудование (краны, лифты и т. д.), нефте- и газопроводы, здания и сооружения. Основными причинами аварий на кранах являются запроектные деформации несущих металлоконструкций, нарушение их целостности, трещины, нарушение правил эксплуатации, запредельные нагрузки, эксплуатация техники сверх выработанного ресурса, неэффективная оценка фактического технического состояния несущих металлоконструкций. Представляется, что на самом деле частота таких аварий достаточно велика: их число измеряется сотнями и тысячами в год. Ущербы от этих аварий составляют сотни тысяч долларов на одну аварию [1], но самое важное, страдают, получают увечья и погибают люди.

Аварии на кранах различного назначения практически в половине случаев происходят со смертельным исходом. Величина риска на сложных технических системах (СТС), к которым, безусловно, относятся металлургические предприятия составляет 10^{-4} и выше [1].

Для снижения риска техногенных аварий и катастроф необходимо устранять их основные причины, а, именно, эффективно оценивать фактическое техническое состояние несущих металлоконструкций кранов, как с позиций традиционных методов, так, например, и с позиций конструкционного риск-анализа.

При его реализации учитывается следующее:

- под риском $R(t)$ понимается сочетание вероятностей $P(t)$ возникновения аварий и катастроф и ущербов $U(t)$ от них: $R(t) = \sum_i P_i(t) \cdot U_i(t)$;

- безопасность по критериям рисков записывается в виде $R(t) \leq [R(t)] = \dfrac{R_c(t)}{n_R}$; n_R – запас по рискам $(n_R \geq 1)$; $R_c(t)$ – критический риск;

- для достижения заданного уровня безопасности и управления безопасностью предусматриваются комплексы мероприятий с затратами $Z(t)$, связанными с формирующимися рисками $R(t)$ $Z(t) = \dfrac{R(t)}{m_Z}$; m_Z - коэффициент эффективности затрат $(m_Z \geq 1)$.

Обобщающее условие анализа и управления безопасностью можно представить в форме:

$$R(t) = \sum_i P_i(t) \cdot U_i(t) \le [R(t)] = \frac{R_c(t)}{n_R} = m_Z Z(t) \,, \ (1).$$

Основным элементом здесь и всей работы является анализ определяющего параметра $P(t)$.

Анализ результатов обследований более 1500 единиц мостовых кранов, отработавших нормативный срок службы показал, что более 70% кранов имеют усталостные повреждения основных несущих элементов металлоконструкции [4]. В связи с этим методологические подходы к проблеме оценки безопасности металлургических мостовых кранов занимают особое, первостепенное значение.

1. Обзор аварий на крановом оборудовании металлургических производств

Проблема оценки фактического технического состояния кранов, эксплуатирующихся в условиях металлургического производства, является достаточно насущной и актуальной [1, 5-8]. Особое место в этом направлении занимает работа по совершенствованию нормативной базы по продлению срока эксплуатации грузоподъемных машин, отработавших нормативный срок в условиях металлургического производства.

К числу наиболее острых проблем в металлургических и коксохимических производствах относятся медленные замена оборудования и технических средств безопасности, не отвечающих требованиям безопасности, внедрение современных технологий. Продолжаются эксплуатация мартеновских печей и применение устаревших технологий разливки стали в ОАО (открытом акционерном обществе) «Выксунский металлургический завод», ОАО «Уральская сталь», ОАО «Бежицкий сталелитейный завод» и др.

Анализ проблемы показал, что причины аварий – конструктивные недостатки, нарушения при строительстве и эксплуатации оборудования. Основные травмирующие факторы: падение предметов и пострадавших с высоты (37,5 %); выбросы расплавов и раскалённых газов из металлургических агрегатов (25,0 %); воздействие вращающихся и движущихся частей оборудования (12,5 %); технологический транспорт (12,5 %); воздействие технологических газов (12,5 %). Видно, что эксплуатация кранового оборудования, не отвечающего требованиям безопасности, является основной причиной травм и несчастных случаев на металлургических предприятиях.

Основные причины несчастных случаев - неудовлетворительные организация и проведение ремонтных работ (66,6 %), неудовлетворительное техническое состояние оборудования (16,7 %), конструктивные недостатки оборудования (16,7 %).

Основные причины групповых несчастных случаев – нарушение технологии при ведении металлургических процессов (50 %), неудовлетворительные организация и проведение ремонтных работ (50 %).

Так, 4 января 1998 года произошел групповой несчастный случай в ОАО «ММК» (Магнитогорский Металлургический комбинат), г. Магнитогорск Челябинской области. В 19 ч 05 мин на конвертере № 1 упала левая кислородная фурма. После падения на пульте управления котлом ОКГ-400 сработала блокировка «забивание скруббера». Бригадир слесарей-ремонтников и два слесаря-ремонтника по команде сменного мастера энергослужбы приступили к очистке гидробаков котла-охладителя, расположенных на отметке +22,000 м. Старший производственный мастер смены по команде начальника цеха приступил к организации работ по подъему фурмы и дал команду сменному мастеру энергослужбы готовиться к подъему фурмы. Сменный мастер дал задание слесарю энергослужбы закрыть водяную задвижку с ручным приводом. Старший мастер дал задание машинисту крана поднимать фурму электромостовым краном, а сам со сменным мастером механической службы и сменным мастером энергослужбы осмотрел привод фурмы машины подачи кислорода. При осмотре было выяснено, что сдвинута «рубашка» муфты сцепления двигателя с редуктором. Сменный мастер энергослужбы вместе с третьим слесарем-ремонтником и подручным сталевара поднялись на площадку обслуживания фурменного окна (отметка +31,00 м). Третий слесарь-ремонтник зацепил фурму и дал команду машинисту крана на подъем. В 20 ч 06 мин фурма была поднята на стенд для демонтажа фурм, и в это время произошел взрыв.

Первый и третий слесари-ремонтники, подручный сталевара и машинист крана получили термические ожоги различной степени тяжести от выбросов пароводяной эмульсии и шлака. Первый слесарь-ремонтник получил ожоги 2-3 степени лица и коленных суставов, машинист крана – ожоги 1-2 степени лица. Третий слесарь-ремонтник получил ожоги 3 степени 50 % поверхности тела и от полученных травм 17 января 1998 года скончался. Подручный сталевара получил ожоги 2-3 степени 50 % поверхности тела и от полученных травм 15 января 1998 года скончался.

Установлено: взрыв в полости конвертера произошел вследствие падения левой кислородной фурмы с последующим разрывом компенсатора на трубе подачи кислорода и попаданием охлаждающей воды в жидкий шлак, находящийся в конвертере. Работниками механической и электрослужбы конвертерного отделения регулярно нарушались правила технической эксплуатации в части проведения регулярных осмотров и ремонтов основных узлов машины подачи кислорода. Техническим фактором, определяющим возникновение аварии, явилось разрушение упорного бурта зубчатой обоймы, соединяющей валы электродвигателя и редуктора привода подъема и опускания фурмы.

В процессе производства жидкой стали происходит интенсивный выброс пламени, возникающий при заливке жидкого чугуна в конвертор с температурой 1250 – 1400 ^{0}С. Элементы металлоконструкции заливочного крана работают при резких перепадах температур, которые приводят к появлению термических циклов. Вследствие этого возникают пластические трещины, снижается запас прочности канатов [4].

При расследовании аварии с трагическим исходом, связанной с падением ковша с расплавом чугуна массой 430 тонн на ОАО «Северсталь», при экспертизе промышленной безопасности эксперты зафиксировали, что при каждом технологическом цикле в течение 15 – 20 мин балки крана, канаты, крюковая подвеска и траверса подвергались высокотемпературному воздействию раскаленных газов, выделяющихся из жидкого металла [4]. При таком технологическом процессе отдельные части главных балок и концевая балка, попавшие в восходящий поток раскаленных газов, по данным пирометристов ОАО «Северсталь», разогреваются до температуры 400 ^{0}С. Теоретически сталь 09Г2С при таких кратковременных повышениях температуры не должна терять прочностных свойств, но на практике собственникам кранов в зонах, подверженных циклическому влиянию, приходилось постоянно производить ремонт в местах образования усталостных трещин.

При анализе аварий мостовых кранов, на предприятиях горно–металлургического комплекса, установлено, что причинами являются обрывы стальных грузовых канатов, разрушение крюков, неисправность приборов безопасности, неисправность грузозахватных органов, низкое качество стали, применяемое при изготовлении металлоконструкций кранов, хрупкое разрушение металлоконструкций, эксплуатация крана значительно выше нормативного срока службы, некачественное обследование кранов, отработавших нормативный срок. Вместе с тем, при расследовании причин аварий разливочных кранов не принимается во внимание сопутствующий фактор, как перегруз крана при заполнении ковша жидким металлом (из-за разгара футеровки) и, как следствие, увеличение емкости ковша. Обычно такие аварии, связанные с перегрузом крана, характерны при эксплуатации грейферных, магнитно – грейферных кранов при подъеме «мертвого груза» из-за несрабатывания ограничителя грузоподъемности [4].

В настоящее время предприятия металлургического комплекса находятся в сложном положении из-за непрерывного старения производственных фондов и низкого технического уровня производства. На предприятиях имеет место значительный физический износ различного оборудования, в том числе несущих металлических конструкций, к которым относятся фермы, рельсы-балки различных кранов, постоянно работающие в условиях многоцикловой нагруженности, усталости, запредельных нагрузок и агрессивной среды основных производственных цехов металлургического производства.

Все это неизбежно приводит к возникновению так называемых инцидентов и аварий. Возрастает потенциальная угроза для здоровья и жизни людей, окружающей среды и материальной базы предприятия.

В связи с этим приобретают особый интерес научно-обоснованные методы управления техногенной безопасностью объектов металлургического комплекса.

Анализ состояния оборудования, зданий и сооружений, технологических процессов открытого акционерного общества Магнитогорского металлургического комбината (ОАО ММК) показал, что средний износ активной части (оборудования) основных производственных фондов составляет более 55 %, из них 21 % являются устаревшими и не имеют резервов для модернизации.

По материалам открытой печати показатели аварийности и травматизма со смертельным исходом за период с 1996 г. по 2009 г. приведены на рисунке 2, из которого следует, что за последние годы на ММК, наметилась тенденция к снижению аварий и травм. Количество аварий составляет от 2 до 7 в год, но распределение их по металлургическим производствам различно (рисунок 3). Наиболее опасными являются коксохимическое, доменное, кислородно-конвертерное производства.

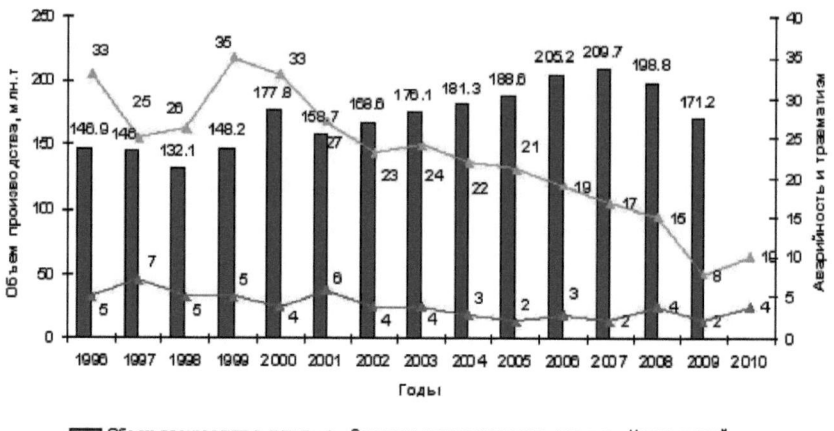

Рис. 2 Динамика травматизма и аварийности в сопоставлении с объемами производства

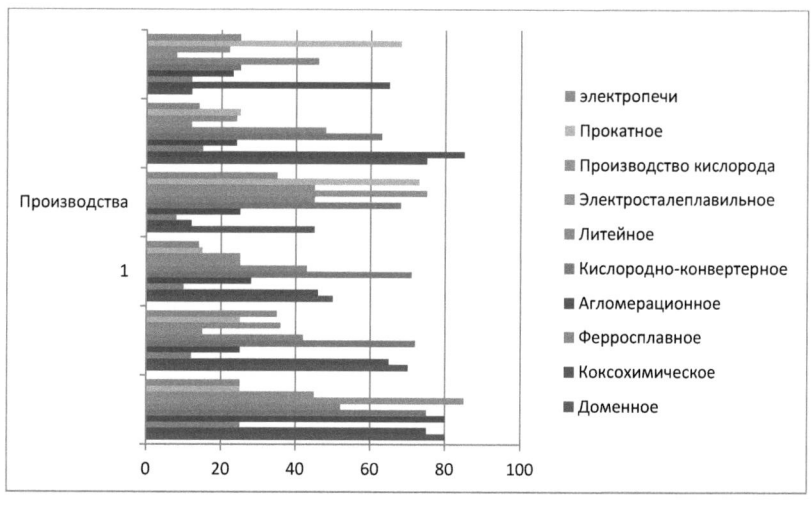

Рис. 3 Распределение аварий по видам производств

Для снижения аварийности, травматизма и управления техногенной безопасностью, в частности, мостовых кранов кислородно-конвертерного цеха (ККЦ) ОАО ММК в отличие от традиционных подходов к оценке рисков металлургического производства предлагается прогнозирование деформаций несущих конструкций, основанных в первую очередь на вероятностной теории, усталостной теории прочности с целью построения моделей развития и функционирования сложной социально-природно-техногенной (С-П-Т) системы, установление и использование расчетных зависимостей для ее динамического неравномерного развития во времени и пространстве с учетом характеристик эффективности развития и стратегических рисков развития. Исследованию подлежат несущие металлические конструкции мостовых кранов ККЦ ОАО ММК.

Такой подход позволит регламентировать техногенную безопасность конкретного металлургического производства, такого, как например, ККЦ и выработать рекомендации по повышению надежности его оборудования в процессе эксплуатации.

Для оценки фактического технического состояния крана необходим углубленный анализ состояния металла базовых конструкций, расчет остаточного ресурса и прогнозирование возможности дальнейшей эксплуатации крана, или необходимости его капитально-восстановительного ремонта, или его утилизации с использованием современных и новых методов конструкционного риск-анализа [1].

2. Моделирование прогнозирования риска несущих конструкций кранов металлургического производства

Вопросам обеспечения безопасности металлургических производств уделяется большое внимание. Однако, показатели инцидентов, аварий, катастроф в металлургической промышленности остаются достаточно высокими. Кроме этого, такие случаи высокотравматичны, а в 70% происшествий приводят к летальному исходу. В основном, оценка безопасности основных металлургических производств сводится к оценке вероятности взрывов и пожаров и на их основе подсчету величины ущербов. Как представляется, не менее важной проблемой является моделирование прогнозирования риска несущих металлоконструкций кранов металлургического производства, элементов механизмов их подъема, вероятность их разрушения, так как производится перемещение жидкого металла и шлака. Серьезную проблему представляют конструкции подкрановых балок полукозловых кранов кислородно-конвертерного цеха (ККЦ), которые участвуют в производстве непосредственно над грушами конвертеров. Поэтому подходы к моделированию рисков, возникающих при эксплуатации металлургических кранов и элементов механизмов их подъема являются достаточно актуальной проблемой.

Наибольшая вероятность появления аварий зависит от типа конструкции. Для сплошностенчатых (коробчатых) конструкций наибольшая вероятность аварий относится к периоду до 10 лет и, главным образом, к первым годам эксплуатации. В начальном периоде в сплошностенчатых конструкциях наиболее резко проявляется влияние грубых конструктивных недостатков в сочетании с остаточными напряжениями. При эксплуатации остаточные напряжения снижаются и в результате сравнительно низкого коэффициента концентрации сплошностенчатых конструкций накопление повреждений в них происходит медленнее, чем у ферменных. В свою очередь для ферм наибольшая вероятность аварии наступает после 17—20 лет эксплуатации. Примечательно, что аварии характерны для кранов больших пролетов (более 25 м).

Повышенная аварийность в последнее время еще вызвана интенсивной эксплуатацией кранов в конце года. Указанные выше условия являются благоприятными для образования трещин при неудовлетворительном надзоре за состоянием конструкции. Появившиеся трещины продолжают развиваться до разрушения. Причинами аварий мостовых кранов являются низкое качество металла, дефекты изготовления и ремонта, конструктивные недоработки.

Указанные причины дополняются неблагоприятными условиями эксплуатации: наличием переменных нагрузок, пониженной температурой и т. п.

Положим, что металлургический кран и механизмы его подъема представляют собой сложную структуру систем, состоящую из подсистем и элементов.

С позиции механики катастроф разрушение конструкции происходит при достижении определенных видов предельных состояний элементов конструкций:

- кратковременное разрушение (хрупкое, квазихрупкое, вязкое);

- разрушение в условиях ползучести;

- усталостные и коррозионно-усталостные разрушения;

- недопустимые пластические деформации;

- потеря устойчивости элементов.

Для каждого вида предельного состояния выделяется комплекс характеристик и критериев, по которому формулируется уравнение предельного состояния. С учетом наложенных условий прогнозируемый риск R несущих конструкций металлургических кранов будет определяться как вероятность ущерба W, связанного непосредственно с разрушением конструкции по заданному виду предельного состояния:

$$R = P\{W | \Phi_{N,t,T}\{\sigma_{ij}, \varepsilon_{ij}, \varepsilon, l, N, t, T\} = \Phi_c\}. \qquad (2)$$

Здесь Ф – функция заданного вида, зависящая от компонент напряжений, деформаций, размеров технологических дефектов или трещин, числа циклов и времени нагружения, температуры среды.

Из этого следует, что для обеспечения конструкционной безопасности необходимо проведение исследований функции (2) при заданных вероятностных параметрах напряженно-деформированного состояния (НДС), характеристик механических свойств, технологической дефектности и эксплуатационной повреждённости.

Таким образом, разбив металлургические краны и механизмы их подъема на отдельные подсистемы и элементы, можно построить согласованные по целям и задачам отдельные модели прогнозируемого конструкционного риска в форме (2).

3. Анализ динамики и вопросы оптимизации металлургических мостовых кранов

Анализ динамики современных сложных механических систем таких, как металлургические мостовые краны, представляет острую проблему в силу ее серьезного влияния на техногенную безопасность. Важным аспектом этой проблемы является конструкционная безопасность.

Выявить отдельные элементы или участки механической системы, которые определяют параметр *P(t)*, выработать практические меры по исключению опасных резонансных зон – основная цель при совершенствовании и оптимизации параметров надежности конструкции.

Процесс перехода потенциальной энергии в кинетическую движущихся масс и обратно сопровождается возникновением колебаний в системе и динамических нагрузок на ее элементы [6, 9]. Колебательное движение металлургического мостового крана можно описать дифференциальным уравнением в форме Лагранжа следующего вида:

$$\frac{d}{dt}\left(\frac{\partial T}{\partial \dot{\varphi}_i}\right) - \left(\frac{\partial T}{\partial \varphi_i}\right) + \frac{\partial \Pi}{\partial \varphi_i} = Q_{i,}(3)$$

Гдеφ_i, $\dot{\varphi}_i$ - перемещение i-го элемента крана и первая производная; Q_i– вынужденная внешняя нагрузка в виде изгибающей или какой-либо другой силы; Т – кинетическая энергия свободно колеблющейся системы. При свободных колебаниях принимается [9] нулевое значение правой части формулы (3) (Q_i=0).

$$T = \frac{1}{2}\sum_{i=1}^{n}(J_i\dot{\varphi}_i)^2, (4)$$

J_i – параметр инерционности элемента в виде момента инерции или величины массы; П – потенциальная энергия свободно колеблющейся системы:

$$\Pi = \frac{1}{2}\sum_{i=1}^{n-1}[c_i(\varphi_i - \varphi_{i+1})^2] \quad ,(5)$$

c_i–параметр жесткости.

Подставив (5) и (4) в (3) и имея, что

$$\left(\frac{\partial T}{\partial \varphi i}\right) = 0,$$

получим

$$\left(\frac{\partial T}{\partial \dot{\varphi}_i}\right) = J_i \varphi_i \quad \frac{d}{dt}\left(\frac{\partial T}{\partial \dot{\varphi}_i}\right) = J_i \ddot{\varphi}_i;$$

$$\left(\frac{\partial \Pi}{\partial \varphi_i}\right) = c_i(\varphi_i - \varphi_{i+1}) - c_{i-1}(\varphi_{i-1} - \varphi_i).$$

Тогда уравнение (3) примет вид

$$J_i \ddot{\varphi}_i + c_i(\varphi_i - \varphi_{i+1}) - \ddot{c}_{i-1}(\varphi_{i-1} - \varphi_i) = 0. \ (6)$$

Для системы, имеющей n масс, количество уравнений (6) будет равно n. Полученная система дифференциальных уравнений решается известными методами [10]. Частное решение такой системы принимаем в виде

$$\varphi_i = \sum_{i=1}^{n} A_i \sin(\omega_{ci} t + \alpha_i), (7)$$

где A_i– амплитуда колебаний i-й системы; wci – частота свободных колебаний системы; ai–фаза колебаний системы.

Подставив решение в систему дифференциальных уравнений, получим систему однородных дифференциальных уравнений относительно неизвестных амплитуд колебаний. Решая его, получим частотное уравнение свободных колебаний системы относительно неизвестных частот w.

Для такой сложной механической системы как металлургический кран применяется матричный метод решения частотного уравнения. Для этого система дифференциальных уравнений nмассовой системы записывается в операторном виде:

$$\vec{J}\vec{\ddot{\varphi}} + \vec{C}\vec{\varphi} = 0, (8)$$

где J - диагональная матрица параметров масс элементов крана; C-симметричная матрица коэффициентов жесткости; φ – вектор-столбец перемещений элементов системы.

Анализ динамики сложных механических систем имеет серьезное значение при оценке параметров надежности и безопасности.

Расчетная динамическая схема системы должна удовлетворять двум главным требованиям: во-первых, она должна быть адекватна реальной системе и, насколько это возможно, отражать основные физические свойства исследуемой системы; во-вторых, она должна быть не очень сложной, чтобы решение динамической задачи оказалось не слишком трудоемким [11]. Основу мостового крана представляет металлоконструкция, состоящая из несущих и концевых балок, которые вместе образуют жесткую конструкцию, способную выдерживать приложенные нагрузки.

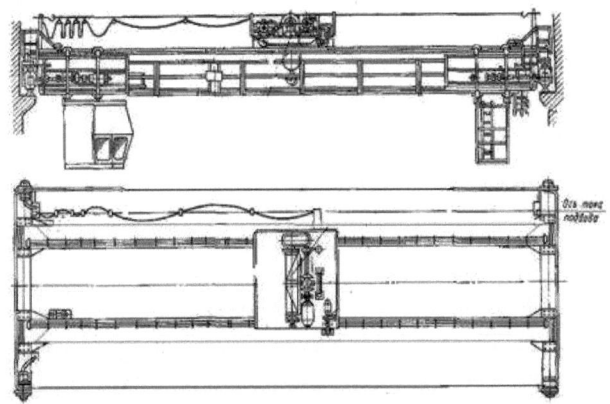

Рис. 4 – Общий вид мостового крана

Балки испытывают нагрузки согласно следующей схеме:

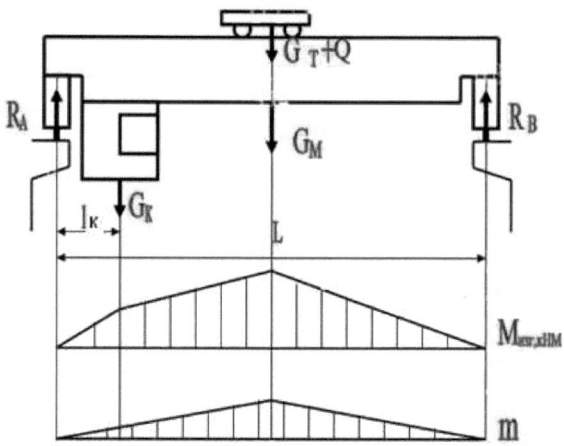

Рис. 5 – К построению динамической модели мостового крана

На следующем этапе анализа динамической расчетной схемы выявляются те участки несущих конструкций и элементов механизмов подъема металлургического мостового крана, которые будут определять динамику всей системы и ее нагруженность, для определения входных и выходных параметров системы.

При выполнении динамических расчетов рассматриваемой механической системы будем исследовать движение конструкции крана, испытывающей внешние механические силовые воздействия, которые возбуждают изгибные колебания в виде линейных перемещений элементов с возникновением перегрузок (амплитуд ускорений) и динамических воздействий на них.

Принятый метод анализа механической системы предполагает получение точного решения дифференциальных уравнений, описывающих ее движение с учетом упругих деформаций, а затем уточнение, разработку и применение вероятностных методов прогнозирующего расчета определяющего параметра

P(t) на основании исследования случайного процесса изменения входных параметров.

Для достижения поставленной цели используем метод преобразования вероятностей [9, 12, 13]: определяется закон распределения выходных параметров по известному закону распределения вероятности входных параметров. Рассмотрим две случайные величины, связанные функциональной зависимостью: уровень пластической (упругой) деформации и величина действующей нагрузки; статистические характеристики случайной величины У определяются как функции случайного аргумента Х, если задан закон распределения Х. Можно записать:

$$p(x, t_1)dx = p(y, t_1)dy, (9)$$

откуда

$$p(y, t_1) = p(x, t_1)\frac{dx}{dy}, (10)$$

которое представляет большой интерес, так как позволяет преобразовать плотности вероятностей входного параметра системы в плотность вероятности выходного параметра.

Таким образом, приведенный анализ динамики и вопросы оптимизации определенной группы объектов, как металлургические мостовые краны, позволяют сформулировать и аналитически оценить уровень пластической (упругой) деформации и потери устойчивости их основных несущих конструкций в зависимости от величины действующей нагрузки как определяющего параметра при управлении техногенной безопасностью и рисками.

4. Расчет надежности металлургического мостового крана на основе метода преобразования вероятностей

Будем использовать метод вероятностного синтеза преобразования вероятностей, для механической системы, в которой основными процессами, определяющими ее долговечность, являются процессы усталости и пластической и упругопластической деформации и потери устойчивости.

Процесс усталости в металлургических мостовых кранах обусловлен:

- концентрациями напряжений;

- средним напряжением в цикле нагружения, σ ср;

- видом напряженного состояния области, в которой зарождается и развивается усталостное повреждение (в «критическом объеме»);

- масштабом объекта (*масштабный фактор*), проявляющимся при неоднородных напряженных состояниях;

- структурными особенностями материала Кσ;

- состоянием поверхности объекта;

- случайным характером нагружения в действительных условиях;

- многокомпонентным характером нагружения при совпадающих и отличающихся по фазе компонентах;

- предварительной пластической деформацией «критического объема» ε пр;

- остаточными напряжениями.

Все перечисленные факторы влияют на величину пластической деформации, а именно:

$$\Delta \varepsilon \, пр = f(\varepsilon пр),$$

$$\Delta \varepsilon \, \sigma = f(\sigma ср), \quad (11)$$

$$\Delta \varepsilon \, К\sigma = f(К\sigma).$$

Внешние параметры системы будут представлять нагрузки, действующие на металлические конструкции металлургического мостового крана. В совокупности с внутренними они определяют входные параметры системы, случайным образом воздействующие на нее в виде случайного процесса «входа» системы.

Результат воздействия внешних возмущающих нагрузок и внутренних факторов определяется необратимыми изменениями в материале деталей системы, а критерии таких изменений показывают на степень повреждаемости материала при их воздействии. Очевидно, выходные параметры – это величина пластической деформации и потеря устойчивости, которая представляет собой реакцию системы на действие внешних и внутренних входных факторов.

Представим функциональную зависимость между входными и выходными параметрами системы на основании [13] в следующем виде:

$$\Delta \varepsilon = \left(\frac{\sigma}{E}\right)^n, \ (12)$$

E – модуль упругости материала, n – показатель степени, определяемый экспериментально.

Решив уравнение (12) относительно σ, представим выражение статистической динамики с учетом формулы (10) в виде:

$$p(\Delta\varepsilon, t_1) = p\left(\Delta\varepsilon^{\frac{1}{n}}E, t_1\right)\frac{d(\Delta\varepsilon^{\frac{1}{n}}E)}{d\varepsilon}, \ (13)$$

которая представляет собой плотность вероятности выходного параметра системы.

При условии независимости входных параметров по нормальному закону распределения получим функцию $p(\Delta\varepsilon)$ после решения и преобразований уравнения (13):

$$p(\Delta\varepsilon) = \frac{(\Delta\varepsilon)^{\frac{1-n}{n}} E}{2\pi s_\sigma} \, exp\left\{-\frac{1}{2}\left[\frac{(\sigma-\bar{\sigma})^2}{s_\sigma^2}\right]\right\}, (14)$$

где $\bar{\sigma}$ - среднее значение изгибных напряжений, s_σ – среднеквадратическое отклонение изгибных напряжений.

Таким образом, располагая опытными или эксплуатационными данными о предельных величинах остаточной деформации и построив кривую плотности вероятности $p(\Delta\varepsilon)$, можно судить о возможных величинах выходных параметров для режима нагружения и требуемого срока эксплуатации. Это можно установить также при наличии статистических характеристик распределения – математического ожидания M[$\Delta\varepsilon$] и дисперсии D[$\Delta\varepsilon$], которые определяются следующими выражениями:

$$M(\Delta\varepsilon) = \int_0^{\Delta\varepsilon max} \Delta\varepsilon \, p(\Delta\varepsilon) d(\Delta\varepsilon), (15)$$

$$D(\Delta\varepsilon) = \int_0^{\Delta\varepsilon max} \Delta\varepsilon^2 \, p(\Delta\varepsilon) d(\Delta\varepsilon) - 2 \int_0^{\Delta\varepsilon max} (\Delta\varepsilon) M(\Delta\varepsilon) p(\Delta\varepsilon) d(\Delta\varepsilon) +$$
$$\int_0^{\Delta\varepsilon max} [M(\Delta\varepsilon)]^2 p(\Delta\varepsilon) d(\Delta\varepsilon). (16)$$

Для прогнозирующего расчета интегральная функция распределения $\Delta\varepsilon$ является очень важным показателем, потому что определяет вероятность выхода из строя системы. Определим ее как интеграл от p($\Delta\varepsilon$), подставив выражения для σ из (13) в уравнение (14):

$$P(\Delta\varepsilon) = \frac{E}{s_\sigma\sqrt{2\pi}} \int_0^{\Delta\varepsilon max} \Delta\varepsilon^{\frac{1-n}{n}} \, exp\left\{-\frac{(E\Delta\varepsilon^{\frac{1}{n}} - L^{\frac{1}{n}})^2}{2s_\sigma^2}\right\} d(\Delta\varepsilon), (17)$$

где L=($E\overline{\Delta\varepsilon}$).

Введем обозначения в интеграле (17):

$$\frac{(E\Delta\varepsilon^{\frac{1}{n}} - L^{\frac{1}{n}})^2}{2s_\sigma^2} = F. (18)$$

Определим выражение для $\Delta\varepsilon$, возьмем производную $d(\Delta\varepsilon)$ и подставим полученные выражения в формулу (17).

Взяв интеграл в пределах 0-Fmax, будем иметь

$$J = \frac{1}{\sqrt{2}} s_\sigma n E \Gamma(\frac{1}{2}, F_{max}), \, (19)$$

где $\Gamma(\frac{1}{2}, F_{max})$ - неполная гамма-функция, значение которой определяются из таблиц [14].

Тогда интегральная функция примет следующий вид:

$$P(\Delta\varepsilon) = \frac{1}{2\pi} \Gamma(\frac{1}{2}, F_{max}), \, (20)$$

Если случайным процессом в системе является процесс усталости и его показателем – рост остаточной деформации и потеря устойчивости, вероятность выхода из строя системы будет определяться:

$$P(\Delta\varepsilon) = \frac{1}{2\sqrt{\pi}} \Gamma(\frac{1}{2}, F_{max}), \, (21)$$

а математическое ожидание и дисперсия определяются в соответствии с формулами (15), (16).

5. Прогнозирующий расчет надежности механической системы

Исследуем предложенный метод на действующем мостовом металлургическом кране, используемым на кислородно-конвертерном цехе (ККЦ) ОАО ММК.

Для определения напряжений и деформаций необходимо рассчитать режим работы крана – характеристику, указывающую можно ли эксплуатировать кран без ущерба его фактического технического состояния и надежности работы механизмов [15].

Режим работы крана – показатель, который учитывает его использование по грузоподъемности и времени, а также число циклов работы.

В настоящее время группа классификации (режим работы) грузоподъемных кранов согласно стандарта ISO 4301/1 регламентируется одной из восьми групп (A1-A8), которые определяется в зависимости от сочетания класса использования (U0-U9) и режима нагружения (Q1 - Q4) крана.

Таблица 2 Группы классификации (режима) кранов в целом

Режим нагружения	Коэффициент распределения нагрузок	Класс использования									
		U0	U1	U2	U3	U4	U5	U6	U7	U8	U9
		максимальное число рабочих циклов									
		$1{,}6 \times 10^4$	$3{,}2 \times 10^4$	$6{,}3 \times 10^4$	$1{,}25 \times 10^5$	$2{,}5 \times 10^5$	5×10^5	1×10^6	2×10^6	4×10^6	более 4×10^6
Q1 - легкий	0,125			A1	A2	A3	A4	A5	A6	A7	A8
Q2 - умеренный	0,250		A1	A2	A3	A4	A5	A6	A7	A8	
Q3 - тяжелый	0,500	A1	A2	A3	A4	A5	A6	A7	A8		
Q4 - весьма тяжелый	1,000	A2	A3	A4	A5	A6	A7	A8			

Класс использования (U0-U9) определяется количеством рабочих циклов совершенных краном за время нормативного срока службы крана, то есть зависит от времени когда кран находился в движении. Цикл работы крана состоит из перемещения грузозахватного органа к грузу, подъема и перемещения груза, освобождения грузозахватного органа и возвращения его в исходное положение.

Количество циклов работы крана за срок его службы, рассчитывается по формуле рабочих циклов:

$$CТ = Сс * Пдн * Тк, \quad (22)$$

где Сс – количество циклов работы крана в сутки;

Пдн – количество дней работы крана в году;

Тк – количество лет работы крана.

Режим нагружения крана характеризуется величиной коэффициента распределения нагрузок Kp.

В нашем случае кран грузоподъемностью 50 тонн работает в кислородно-конвертерном цехе металлургического предприятия 260 дней в году. Среднее число циклов совершаемых краном в две смены 600. Нормативный срок службы крана 15 лет. Общее количество циклов работы крана за весь его службы составит:

СТ= Сс * Пдн * Тк = 600*260*15 = 2340000 циклов.

По таблице определяем класс использования как U7.

В массе перемещаемых краном грузов:

90% составляют грузы массой до 40 тонн,

10% - грузы массой до 10 тонн.

Определим коэффициент распределения нагружения:

$Kp = 0,9*(40/40)^2+0,1*(10/40)^2 = 0,9 + 0,00625 = 0,90625.$

По таблице 2 данному коэффициенту распределения нагрузок соответствует режим нагружения Q3 – тяжелый, Q4 – весьма тяжелый.

Общая группа классификации (режима работы) для класса использования U7 и режимов нагружения Q3, Q4 - будет A8.

На самом деле, к сожалению, на сегодняшний день, даже на крупных промышленных предприятиях нет достоверной статистической информации по режимам нагружения и классам использования действующего оборудования.

Справки о характере работы кранов, предоставляемые эксплуатационным персоналом в ходе проведения работ по экспертизе промышленной безопасности, с целью определения остаточного ресурса мостовых кранов отработавших нормативный срок службы, являются в большинстве случаев неоправданной фикцией.

5.1 Расчетные нагрузки

Для исследуемых кранов основные комбинации нагрузок можно разделить на три расчетных случая [16].

Первый расчетный случай – нормальная нагрузка крана в рабочем состоянии, включающая номинальный вес груза и грузозахватного устройства, собственный вес конструкции, а также динамические нагрузки, возникающие в процессе пуска и торможения при нормальных условиях использования и крановых путей.

Для этого случая металлические конструкции рассчитывают на сопротивление усталости относительно предела выносливости, а также нагрев, износ, стойкость и долговечность.

Второй расчетный случай – максимальная рабочая нагрузка, которая кроме номинальных нагрузок включает и максимальные динамические нагрузки, возникающие при резких пусках, экстренном торможении, внезапном включении или выключении тока, движении кран по неровному пути, быстром изменении нагрузки на крюке, разгрузке грейфера или бадьи в подвешенном состоянии, обрыве грузовых стропов. Металлические конструкции рассчитывают на прочность с обеспечением заданного коэффициента запаса прочности относительно предела текучести (для сталей). По этому расчетному случаю еще проводят проверку грузовой устойчивости крана.

Третий расчетный случай – нагрузка в нерабочем состоянии крана при отсутствии груза и неподвижных механизмах.

5.2 Расчеты на прочность

Расчет элементов машин на сопротивление усталости будем проводить по условию:

$$\sigma \le [\sigma_{Rk}] = \frac{\sigma_{Rk}}{n_1}, (23)$$

где σ_{Rk} - длительный предел выносливости, определяемый с учетом асимметрии R, эффективного коэффициента концентрации напряжений k, размеров детали и ее термообработки; $[\sigma_{Rk}]$- допускаемое напряжение; n_1- коэффициент сопротивления усталости, принимаем по [16] равным 1,7.

5.2.1 Расчет моста крана

Мост крана состоит из двух пространственно жестких балок, соединенных по концам пролета с концевыми балками, в которых установлены ходовые колеса. Крановая тележка перемещается по рельсам, уложенным по верхним поясам коробчатых балок. Принятая схема металлоконструкции моста приведена на рис. 6.

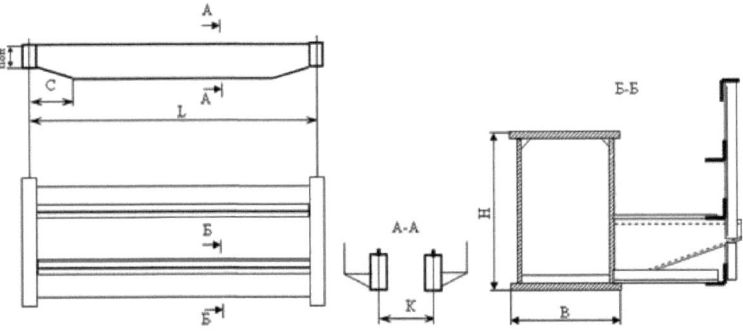

Рис. 6. Схема моста крана

Таблица 3 Исходные данные для расчета

Груз опод ъемн, Р, т	Коле я крана, L, м	Тип подкрано вого рельса	Реж им	Скорост ь подъема, м/с	Скорость передвижения крана, м/с (м/мин)	Материал м/к, сталь марки
50	34,5	Квадрат 80*80	А8	0,63	1,25(75)	09Г2С

Высоту балки назначают в зависимости от размера пролета по соотношению:

$$H = \left(\frac{1}{16} \div \frac{1}{20} \right) \cdot L \quad , \quad (24)$$

где L – колея крана.

Высоту опорного сечения балки рекомендуется принимать в пределах:

$$h_{on} = \left(0,6 \div 0,7 \right) \cdot H \quad . \quad (25)$$

Длину скоса рекомендуется принимать в пределах:

$$C = \left(0,1 \div 0,2 \right) \cdot L \quad . \quad (26)$$

Ширина площадок, как со стороны механизма передвижения, так и со стороны троллеев принята равной $B_{пл}=1$ м, а масса рабочей площадки 5250 кг.

Таблица 4 Выбор основных размеров моста крана

Высота гл. балки Н, мм	Высота опорного сечения h_{on}, мм	Длина скоса С, мм	Ширина балки В, мм

От	До	От	До	От	До	От	До
2156	1725	414	483	3450	6900	430	470
1620		405		3523		690	

Вес грузовой тележки отечественных двухбалочных кранов с листовой конструкцией грузоподъемностью 5…100 т с приемлемой точностью можно оценить по формуле:

$$m_T = 1 + 0,12Q^{1,2}, \quad (27)$$

где Q - грузоподъемность крана, т.

$$m_{\text{т}} = 141,2 \text{ кН}.$$

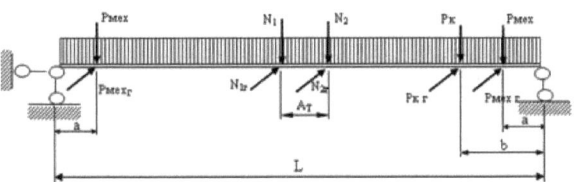

Рис. 7. Расчетная схема главной балки моста крана при действии вертикальных нагрузок

Таблица 5 Геометрические характеристики сечения и ориентировочные значения изгибающего его момента M и нормальных напряжений σ

Ix, м^4	Wx, м^3	M, Н·м	σ, МПа
0,02	0,02	3790760	189,5

Момент инерции площади поперечного сечения определяется по формуле:

$$I_x = \frac{2\delta_{cT}\left(H - 2\delta_n\right)^3}{12} + 2B\delta_n \cdot \left(\frac{H - \delta_n}{2}\right)^2 . \quad (28)$$

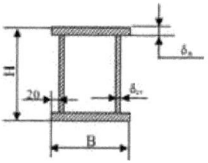

Рис. 8. Сечение балки

Момент сопротивления сечения определяется по формуле:

$$W_x = (2I_x)/H; \quad (29)$$

Изгибающий момент определяется по формуле:

$$M = \frac{P(L-a)a}{L}; \quad (30)$$

Напряжения определяются по формуле:

$$\sigma = \frac{M}{W_x}. \quad (31)$$

Значение динамического коэффициента для кранов мостового типа общего назначения определяется в зависимости от типа привода и скорости механизма подъема:

- двигатель с короткозамкнутым ротором $\psi_{II} = 1,05 + V$;

- двигатель с фазным ротором $\psi_{II} = 1,05 + 0,7V$;

- система плавного регулирования скорости $\Psi_{II} = 1,05 + 0,25V$.

5.2.2 Определение расчетных нагрузок для главной балки

Будем рассчитывать действующую конструкцию по методу предельных состояний при сочетании внешних воздействий.

Для металлических конструкций кранов должны удовлетворяться два предельных состояния: 1) по потере несущей способности элементов конструкций, по прочности или потере устойчивости при наибольших нагрузках (II и III случаи нагружения) или многократных (различной величины) нагрузках – I случая нагружения за расчетный срок службы крана; 2) по непригодности к нормальной эксплуатации вследствие недопустимых упругих деформаций или колебаний, которые влияют на работу крана и обслуживающего персонала.

Значения коэффициентов перегрузки для отдельных нагрузок следующие для веса металлической конструкции $n_1 = 1,05 – 1,1$; для веса оборудования $n_2 = n_3 = 1,1 – 1,3$; для веса груза коэффициент перегрузки n_4 зависит от назначения крана, его грузоподъемности (для малых грузов он больше, для больших – меньше) и режима работы (для легких режимов он меньше, для тяжелых — больше), его значения колеблются в пределах $1,1 – 1,5$ (таблица. 1.59 в [17]), а в особых случаях (например, при подъеме электромагнитом стального проката со сплошного металлического основания) – до 1,8; коэффициенты толчков $k_т$ и динамические коэффициенты вводятся в расчет без дополнительных коэффициентов перегрузки.

Нагрузка от собственного веса рабочей площадки является равномерно-распределенной по всей длине балки, приложенной к подтележечному рельсу. Интенсивность распределенной нагрузки от собственного веса рабочей площадки определяется по формуле:

$$q = \frac{n_1 m_{pn} g}{L} \text{ , (32)}$$

$$q = \frac{1,1 \cdot 9,81 \cdot 5250}{34,5} = 1642,1 \frac{H}{\text{м}},$$

где n_1 - коэффициент перегрузки для собственного веса металлоконструкции и элементов крана, принимаем его в соответствии с указанным выше n_1=1,1;

m_{pn} - масса рабочей площадки;

g - ускорение свободного падения, 9,81 м/с²;

L - пролет крана.

Подвижная нагрузка от ходового колеса тележки $N_1 = N_2$ (рисунок 7) для комбинации нагрузок IIа определяется по формуле:

$$N_1 = N_2 = (n_3 G_3 + n_4 \psi_{II} P)/4 \text{ , (33)}$$

где Ψ_{II} – динамический коэффициент, который определяется на основе данных, характеризующих жесткость конструкции главной балки моста крана;

Р - грузоподъемная сила крана, Н.

Подвижная нагрузка от ходового колеса тележки $N_1 = N_2$ (рисунок 7) для комбинации нагрузок IIб определяется по формуле:

$$N_1 = N_2 = k_m \cdot (n_3 G_3 + n_4 P)/4 \text{ . (34)}$$

Горизонтальная инерционная нагрузка при числе приводных колес, составляющих половину от общего числа ходовых колес, принимается равной 0,1 от вертикальных сил веса движущихся масс.

Полученные данные сведены в таблицу 6.

Таблица 6 – Расчетные нагрузки моста крана при расчете по методу предельных состояний

Вид нагрузки	Случаи нагружения		
	Обозначение, ед изм.	IIa	IIb
Вес металлической конструкции главной балки с рабочей площадкой, кН	q, кН/м	25,2	30,24
Вес механизма передвижения крана, кН	Pмех, кН	11	13,2
Вес кабины, кН	Pк, кН	22	26,4
Давление колес гр. тел. от ее соб. веса, кН Давление поднимаемого груза на колеса тележки, кН	$N_1 = N_2$, кН	253,16	219,096

5.2.3 Размещение диафрагм жесткости и проверка местной устойчивости

Проверка местной устойчивости элементов балок производится для вертикальных стенок и сжатых поясов. Потеря устойчивости вертикальной стенки возможна под действием следующих факторов:

1) касательных напряжений от изгиба;

2) нормальных (сжимающих) напряжений от изгиба;

3) нормальных (сжимающих) напряжений от нагрузки, приложенной к верхней кромке стенки;

4) нормальных (сжимающих) напряжений от изгиба и осевого сжатия (балки рамных и других конструкций).

Первые два фактора могут действовать как раздельно, так и совместно; третий действует всегда совместно с одним или с обоими первыми. Что бы проверить местную устойчивость стенки необходимо сначала расставить ребра жесткости, исходя из конструктивных рекомендаций, а затем для расчетных отсеков вычислить критические напряжения и сравнить их с расчетными напряжениями.

Стенку можно не проверять на устойчивость, если условная гибкость стенки л$_0$ не превышает значения 3,2 в балках с односторонними поясными швами, при отсутствии местного напряжения.

Предельное расстояние между поперечными основными ребрами жесткости «а» не должно в стальных конструкциях превышать:

при л$_0$ > 3,2 – тогда шаг a ≤ 2h$_0$;

при л$_0$ ≤ 3,2 – тогда шаг a ≤ 2,5h$_0$.

$$\lambda_0 = \left(\frac{h_{cm}}{\delta_{cm}} \right) \sqrt{\frac{R_p}{E}} \text{, (35)}$$

где h$_{ст}$ – высота стенки;

R$_p$ – расчетное сопротивление материала стенки, R$_p$ =240 МПа;

Е – модуль упругости материала стенки, Е = 210000 МПа.

$$\lambda_0 = \left(\frac{1270}{5} \right) \sqrt{\frac{300}{2,1 \cdot 10^5}} = 6,08;$$ следовательно, шаг равен: a ≤ 2h$_0$.

Поперечные ребра следует устанавливать также в местах приложения к верхнему поясу больших неподвижных сосредоточенных грузов.

В главной балке имеется три характерных отсека, на которые она делится основными вертикальными ребрами жесткости (диафрагмами).

Отсек на опоре отличается тем, что в нем действуют максимальные касательные напряжения от поперечной силы, а нормальные напряжения равны нулю, так как на опоре изгибающий момент равен нулю.

Отсек в середине пролета отличается тем, что в нем действуют максимальные нормальные напряжения, а касательные напряжения равны нулю.

Отсек в средней четверти пролета, который отличается тем, что в нем действуют одновременно и касательные и нормальные напряжения, хотя и те и другие не принимают максимальных значений.

Для отсека на опоре критические напряжения определяются по формуле:

$$\tau_{\kappa p} = [125 + 95(b/a)^2](\delta/b)^2 10^4, \text{(36)}$$

где "a" и "b" – большая и меньшая стороны прямоугольника (отсека) соответственно, b = h_0;

δ – толщина стенки.

Условие обеспечения местной устойчивости при расчете по методу предельных состояний:

$$\tau \le \tau_{\kappa p}, \text{(37)}$$

где τ - напряжение определяется с учетом коэффициентов перегрузки.

В среднем отсеке критическое напряжение определяется по формуле:

$$\sigma_{\kappa p} = 630 \cdot (\delta/h_0)^2 \cdot 10^4, \text{(38)}$$

В том отсеке, где действуют и касательные и нормальные напряжения, для обеспечения устойчивости должно выполняться условие:

$$\sqrt{(\sigma/\sigma_{\kappa p})^2 + (\tau/\tau_{\kappa p})^2} \le 0,9. \text{(39)}$$

Кроме вертикальных ребер жесткости для обеспечения местной устойчивости стенок могут потребоваться продольные ребра жесткости.

Если

$$h_0 / \delta \leq 200\sqrt{210/R_p}$$, (40)

то продольные ребра не требуются; если

$$200\sqrt{210/R_p} \leq (h_0 / \delta) \leq 300\sqrt{210/R_p}$$, (41)

то требуется одно продольное ребро жесткости.

Если

$$h_0 / \delta > 300\sqrt{210/R_p}$$, (42)

то требуется 2 продольных ребра жесткости.

Продольное ребро устанавливается на расстоянии $(0,20...0,25)h_0$, а в случае необходимости второго продольного ребра ставится на расстоянии $(0,15...0,20)h_0$, а второе - $(0,35...0,40)h_0$ от сжатого края стенки.

Необходимый момент инерции продольного ребра, образованного, как правило, уголком, следует принимать не менее:

$$I_x \geq 1,5 h_0 \text{д}_{ст}^3 \text{ (43)}$$

В рассматриваемой конструкции балки подтележечный рельс устанавливается посередине верхнего пояса главной балки. В таких конструкциях короткие ребра жесткости выполняют еще одну функцию – они являются дополнительными опорами для рельса подтележечного пути.

$$I_x = 1,5 \cdot 162 \cdot 0,4^3 = 15,56 \text{ см}^4,$$

принимаем уголок 40 равнополочный 40Ч40 с $I_x = 45,9$ см^4,

т.к. $I_x = 45,9$ см$^4 \geq I_x = 15,56$ см^4.

Таблица 7 Проверка местной устойчивости элементов главной балки

Толщина стенки	Высота	Высота	Шаг основных	$h_0/$д	$200\sqrt{210/R_p}$	$300\sqrt{210/R_p}$	Укр по формул

д, мм	стенки на опоре h_0, мм	стенки h_0, мм	ребер жесткости, мм				e, МПа
10	405	1620	3000	162	187	281	165

$\tau_{\text{кр}}$ на опоре, МПа		$\tau_{\text{кр}}$ в сечении, МПа		Левая часть формулы (39)
125,16		51,22		0,86

В таблице 8 выполнены необходимые расчеты для решения вопроса об установке коротких ребер жесткости для обеспечения прочности рельса пути крановой тележки. Рельс рассматривается как неразрезная балка, изгибающий момент в которой M_p определяется по формуле:

$$M_p = \frac{N_1 l}{6}, \text{ (44)}$$

где N_1 – давление колеса тележки, см. таблицу;

l – расстояние между опорами рельса, т.е. между малыми диафрагмами (ребрами жесткости).

Прочность рельса обеспечивается, если выполняется условие:

$$\sigma_p = \frac{M_p}{W_x^{\min}} \le [\sigma_p]. \text{ (45)}$$

$$l \le \frac{6 W_x^{\min} [\sigma_p]}{N_1}. \text{ (46)}$$

Высота малых диафрагм принимается равной (0,20…0,25)Н.

Геометрические характеристики поперечных сечений крановых и железнодорожных рельсов приведены в таблицах V.2.57, V.2.58 [18].

Таблица 8 Расчет подтележечного рельса

Тип рельса	$W_x^{min} = (bh^2)/6$, см^3	$[\sigma_p]$, МПа	l, по формуле (46), мм
Квадрат 80x80	85,3	270	630,7

Как видно из таблицы 8, для обеспечения условия прочности рельса, необходимо установить между высокими ребрами жесткости два дополнительных коротких ребра жесткости.

5.2.4 Оценка надежности несущей конструкции

Прочность главной балки обеспечивается, так как выполняется условие:

$$\sigma_p = 268\,МПа; \quad \sigma \le \sigma_p \quad \Rightarrow \quad 165\,МПа < 268\,МПа.$$

Допускаемый прогиб балки $f_{доп}$ в середине пролета обеспечивается, так как выполняется условие:

$$f_{доп} = L/750 \Rightarrow f_{доп} = 3450/630,7 = 57,39\,мм;$$

$$f_{доп} \ge f \Rightarrow 57,39\,мм > 56\,мм.$$

Конечно, при таких условиях считается, что несущая металлоконструкция главная (пролетная) балка мостового крана грузоподъемностью 50 тонн, пригодна к эксплуатации в установленном режиме работы.

Однако, в начале расчетов был принят режим работы А8, что означает тяжелый и сверхтяжелый режим, а также вероятность появления прогибов и деформаций выше допускаемых. Определим характер появления деформаций и потери устойчивости при помощи метода преобразования вероятностей.

При полученных данных $\varepsilon_{max} = 1{,}276$ в относительных единицах, а $\sigma = 165$ МПа, $\varepsilon = 0{,}786$, $P(\Delta\varepsilon) = 0 - 0{,}95$, имеем:

$$M(\Delta\varepsilon) = \int_0^{1,276} \Delta\varepsilon \, p(\Delta\varepsilon)d(\Delta\varepsilon) = 0{,}773.$$

$$D(\Delta\varepsilon) = \int_0^{\Delta\varepsilon max} \Delta\varepsilon^2 \, p(\Delta\varepsilon)d(\Delta\varepsilon) - 2\int_0^{\Delta\varepsilon max}(\Delta\varepsilon)M(\Delta\varepsilon)p(\Delta\varepsilon)d(\Delta\varepsilon) +$$
$$\int_0^{\Delta\varepsilon max}[M(\Delta\varepsilon)]^2 p(\Delta\varepsilon)d(\Delta\varepsilon) = 0{,}658.$$

Определим параметр F из формулы (18) $\dfrac{(E\Delta\varepsilon^{\frac{1}{n}} - L^{\frac{1}{n}})^2}{2s_\sigma^2} = 0{,}0093 - 1{,}3947.$

Используем функцию, возвращающую натуральный логарифм гамма-функции.

Тогда вероятность выхода из строя механической системы из-за роста остаточной деформации и увеличения прогибов выше допускаемых будет равна $P(\Delta\varepsilon) = 0{,}457$. Возвращаясь к риск-анализу конструкции в целом и, учитывая, что металлургический кран состоит из множества ответственных деталей, риск будет оцениваться как 10^{-4} и выше.

Полученные данные согласуются с известными данными рисков металлургических предприятий и их различных элементов [1], что говорит о правомерности описанного подхода к прогнозированию надежности несущей конструкции мостовых кранов металлургических предприятий.

Полученная вероятность выхода из строя механической системы из-за роста остаточной деформации и увеличения прогибов достаточно высокая, это позволяет дополнить теорию конструкционного риск-анализа методом преобразования вероятностей и его дальнейшим развитием для предотвращения аварий и несчастных случаев и управления промышленной безопасностью сложных технических систем.

Заключение

Предложенный прикладной метод прогнозирующего расчета на надежность несущей конструкции мостового металлургического крана содержит методы теории вероятностей и точные аналитические методы расчета деформаций и прогибов от действующих нагрузок.

Последовательно произведен переход к определению надежности на основе качественной связи между действующим случайным процессом нагружения и ростом деформаций и потери устойчивости.

Изложенный подход позволил в цифровом виде оценить вероятность выхода из строя механической системы и оценить его риск.

Предложенный материал позволит расширить методы прогнозирующего расчета надежности механических систем на всех стадиях их развития.

Список литературы

1. Безопасность России. Правовые, социально-экономические и научно-технические аспекты. В 4-х частях.//Ч.1. Основы анализа и регулирования безопасности: Научн. руковод. К.В.Фролов, Махутов Н.А. – М.: МГФ «Знание», 2006. – 640 с: ил.

2. Безопасность труда в промышленности. М.:2007-2010 г.г.

3. http://www.vestipb.ru/chronicle.html (дата обращения 16.04.2012).

4. К крановому парку металлургического комплекса – особое внимание. П. Ф. Ворончагин, С. А. Губский, В. А. Гудошник, В. А. Попов. [Электронный ресурс] // Коэрцитивная сила: сайт. — URL: http://koercitiv.ucoz.ru/index/k_kranovomu_parku_metallurgicheskogo_kompleksa_osoboe_vnimanie/0-15 (дата обращения: 03.06.2013).

5. Бархоткин В.В., Извеков Ю.А., Миникаев С.Р. Обзор аварий на крановом оборудовании металлургических производств // Международный журнал прикладных и фундаментальных исследований. 2013. - № 10 (часть 1). – С. 9 – 12; URL: www.rae.ru/upfs/?section=content&op=show_article&article_id=4040 (дата обращения: 21.10.2013).

6. Извеков Ю.А., Кобелькова Е.В., Лосева Н.А. Анализ динамики и вопросы оптимизации металлургических мостовых кранов // Фундаментальные исследования. – 2013. – № 6 (часть 2). – С. 263-266; URL: www.rae.ru/fs/?section=content&op=show_article&article_id=10000704 (дата обращения: 21.10.2013).

7. Извеков Ю.А. Анализ техногенной безопасности кранового хозяйства России // Современные наукоемкие технологии. – 2012. – № 12 – С. 18-19; URL: www.rae.ru/snt/?section=content&op=show_article&article_id=10000338 (дата обращения: 21.10.2013).

8. Техногенные системы и теория риска / А.В. Багров, А.К. Муртазов; Рязанский государственный университет имени С.А. Есенина. - Рязань, 2010. –207 с.

9. Бирюков М. П. Динамика и прогнозирующий расчет механических систем. «Вышэйшая школа», Минск, 1980. – 189 с: ил.

10. Степанов В. В. Курс дифференциальных уравнений. КомКнига, 2006, 472 с: ил.

11. Расчетная динамическая схема. [Электронный ресурс] // ООО «Аркон». Грузорподъемное оборудование: сайт. – URL: http://arcon-t.ru/raschetnie-dinamicheskie-shemi/raschetnaya-dinamicheskaya-shema (дата обращения: 03.06.2013).

12. Вентцель Е.С. Теория вероятностей. – М.: Наука, Физматгиз, 1969 - 576 с.

13. Феодосьев В.И. Сопротивление материалов. Изд. 10-е. МГТУ. – М., 1999.

14. Слуцкий Е.Е. Таблицы для вычисления неполной гамма-функции и функции вероятностей $æ^2$. – М., 1950.

15. http://www.rustalmash.ru/podbor-rezhima-raboty-krana (дата обращения 21.10.2013).

16. Александров М.П., Колобов Л.Н., Лобов Н.А. и др. Грузоподъемные машины: Учебник для вузов по специальности «Подъемно-транспортное машины и оборудование»: - М.: Машиностроение, 1986 – 400 с., ил.

17. Справочник по кранам, Т1 /Под ред. М.М. Гохберга. Л.: Машиностроение, 1988. 535 с.

18. Справочник по кранам, Т2 /Под ред. М.М. Гохберга. Л.: Машиностроение, 1988. 559 с.

Printed by Books on Demand GmbH, Norderstedt / Germany